见识城邦

更新知识地图　拓展认知边界

企鹅
科普
（第一辑）

人工智能

［英］迈克尔·沃德里奇 著 ［英］斯蒂芬·普莱尔 绘 罗桂芝 译

中信出版集团｜北京

图书在版编目（CIP）数据

人工智能 / (英) 迈克尔·沃德里奇著 ; (英) 斯蒂芬·普莱尔绘 ; 罗桂芝译. -- 北京 : 中信出版社, 2021.3

（企鹅科普. 第一辑）

书名原文: Ladybird Expert: Artificial Intelligence

ISBN 978-7-5217-2429-5

Ⅰ. ①人… Ⅱ. ①迈… ②斯… ③罗… Ⅲ. ①人工智能—青少年读物 Ⅳ. ①TP18-49

中国版本图书馆CIP数据核字(2020)第217404号

Artificial Intelligence by Michael Wooldridge with illustrations by Stephen Player

First published in Great Britain in the English language by Penguin Books Ltd.

人工智能

著　　者：［英］迈克尔·沃德里奇

绘　　者：［英］斯蒂芬·普莱尔

译　　者：罗桂芝

出版发行：中信出版集团股份有限公司

（北京市朝阳区惠新东街甲4号富盛大厦2座　邮编　100029）

承 印 者：北京尚唐印刷包装有限公司

开　　本：880mm × 1230mm　1/32　　印　　张：1.75　　字　　数：14千字

版　　次：2021年3月第1版　　印　　次：2021年3月第1次印刷

京权图字：01−2020−0071

书　　号：ISBN 978−7−5217−2429−5

定　　价：188.00元（全12册）

服务热线：400−600−8099

投稿邮箱：author@citicpub.com

我们应该追问这样一个问题："机器能像我们一样思考吗？"

艾伦·图灵，1950

我的目的不是让你们大吃一惊，但是……现在世界上的机器可以思考，可以学习，可以创造东西，并且机器做这些事的能力提升迅速，在可预见的未来，机器能解决那些原本只有人类大脑才能解决的问题。

赫伯·西蒙（Herb Simon），1958

第一台超智能机是人类需要创造的最后一台机器……

欧文·约翰·古德（I. J. Good），1965

人工智能从业人员被早期取得的成功蒙蔽了双眼……他们眼高手低……因此在面对最近这些自欺欺人的成就时一直保持盲目乐观。

休伯特·德莱弗斯（Hubert Dreyfus），1965

在 2015 年，没人想买不懂基本常识的机器，就像今天没有人想买不能运行电子制表、文字处理、通信等软件的个人电脑。

道格·莱纳特（Doug Lenat），1990

完美的人工智能的发展预示着人类的终结。

史蒂芬·霍金，2014

“人工智能”一词的由来

大概每个人对人工智能略知一二。从电影《2001 太空漫游》(*2001: A Space Odyssey*)中能杀人的计算机哈尔–9000(HAL-9000),到最近流行的电视剧《西部世界》(*Westworld*)中温顺的仿生机器人,大量电影、小说和电脑游戏中表现的有意识、能自知的智能机器十分吸引眼球,但有时它们的行为也骇人听闻。

但人工智能并不限于科幻小说。自从 20 世纪 50 年代第一批计算机被发明起,人工智能一直是热门学科,现代计算的发展也多源于人工智能研究。最近,一些突破性成就或许让人工智能领域的先驱始料不及。过去,人工智能研究有自吹自擂的坏名声。科研人员对人工智能的前景满怀激动、过于乐观,经常导致他们对未来前景的预测不切实际。在人工智能的发展过程中,人们提出的很多想法都是初期看起来令人兴奋,但发展到后期却不尽如人意。正因如此,很多人对人工智能持怀疑态度。

虽然与科幻小说中描述的相去甚远,但人工智能的真实现状(包括目前已经实现的成果和未来有望实现的成果)其实非常振奋人心。在这本书中,我们将会一起探索人工智能究竟是怎样的技术。首先,我们将从其起源开始,了解该领域有哪些观点;接着去了解当前我们身边随处可见的人工智能产品和研究进展;最后,我们将审视人工智能最终会引领我们走向何处。

图灵测试

英国杰出数学家艾伦·图灵最先开始认真思考人工智能的可能性。实际上，图灵在20世纪30年代发明了计算机，不久之后，图灵对计算机有朝一日成为智能计算机的想法痴迷不已。到了20世纪50年代，图灵就机器是否能“思考”发表了一篇论文，文中介绍了“图灵测试”：

> 你正通过计算机键盘和显示器与另一个人或一个计算机程序交互。交互以文字的形式进行，包括提出问题、做出回答。你需要判定交互的对象是不是真人。现假定，经过一段时间的交流后，你无法判断对方是真人还是程序，那么可以认为，计算机程序具有类似人类的智能。

虽然该测试没有说比如程序如何做到以假乱真等问题，但图灵的天才之处在于认识到：机器能通过测试的关键在于，它所做的事都与人类的行为无异。

尽管图灵测试很巧妙，但测试有其自身局限。例如，测试只探究了有限条件下的智能情况。机器只需要一点小伎俩就可能迷惑测试中做出判断的人，这也是互联网“聊天机器人”的核心原理，但聊天机器人不属于人工智能。当代的人工智能研究人员正在改善图灵测试，以避免被类似的小把戏所骗。

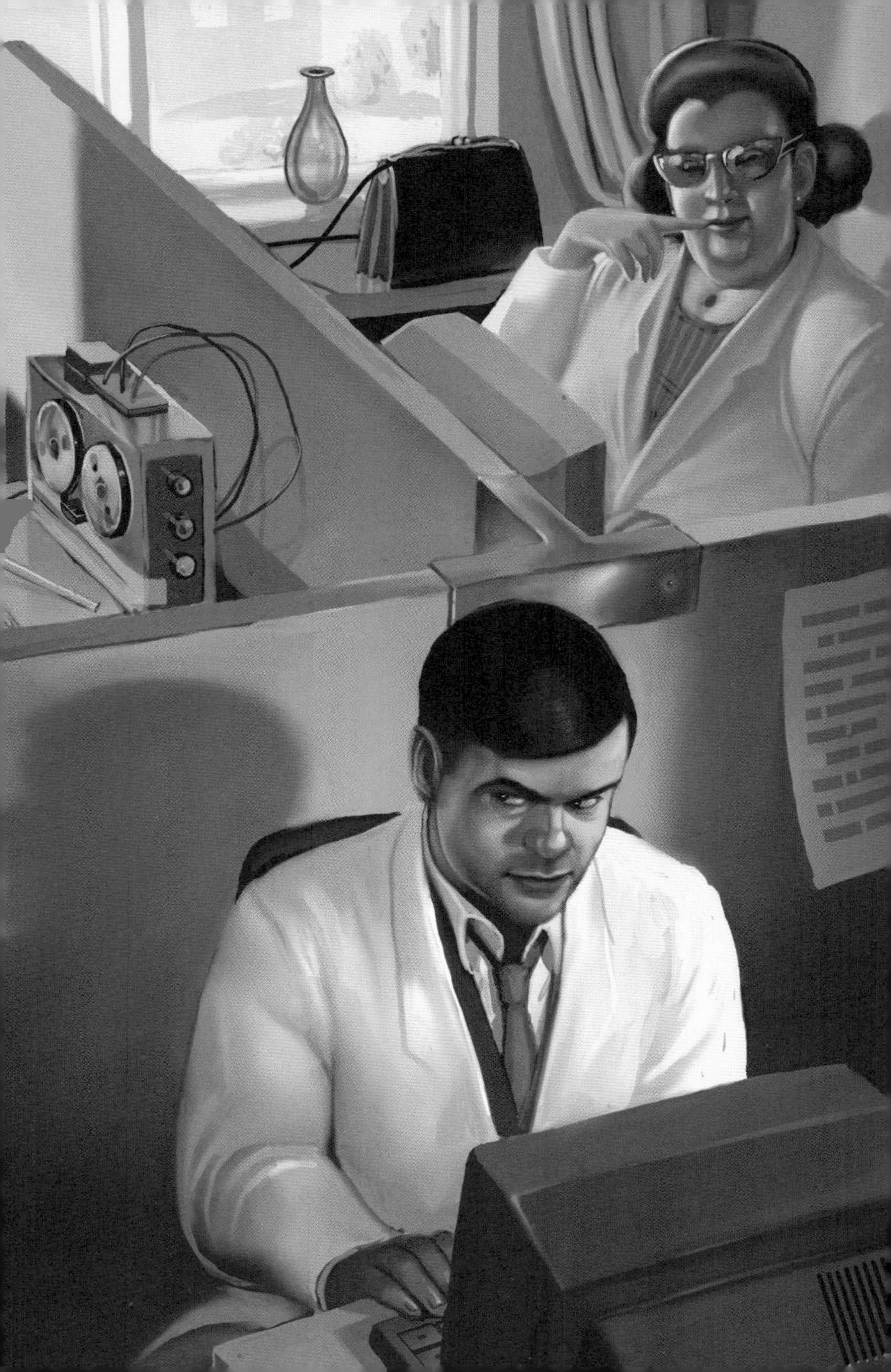

中文房间

很多人认为机器不可能真的有意识或有自知力。一种论点是人类的“特别之处”是与生俱来、独一无二的。这种说法很难反驳，但也令人不敢苟同，因为归根结底，人只不过是由相互碰撞的原子构成的。哲学家约翰·希尔勒（John Searle）试图用更为严密的方式来论证人工智能不可能存在，于是提出了“中文房间”这一场景，说明机器不可能有理解力。

> 想象有一个房间，房间里有一个不懂中文的人，他能从门缝收到用中文写的问题。这个人收到一个问题后，会认真按照详细的英文指令回答该问题，然后从门缝递出去。现假设，这是一次“中文版图灵测试”，门外人用中文提出的问题和门里人根据英文指令做出的回答构成了测试中要求的问答，最终门里人通过了测试，门外人确信自己在与真人对答。

在这个“中文版图灵测试”中，门里人扮演着机器的角色，回答问题时服从的英文指令对应着计算机的程序语言，中文写的问题则是人类的自然语言。希尔勒认为，在这一场景中，门里人（机器）并没有理解中文（人类自然语言），英文指令（程序语言）只是一种转化，谈不上理解。因此，即使测试通过，其中也不存在理解力的问题。

针对这一点不乏反驳的观点。最常见的观点是：尽管中文房间里的每个部分都没有理解力，但系统作为一个整体有理解力。毕竟，如果我们去观察人类大脑的每个部分，看不出它具备理解力，但大脑作为一个整体的确具有理解力。相关争论愈演愈烈。

利用含碘离子的溶液作为太阳能电池的电解质，它主要用于还原和再生染料。如图六所示，在二氧化钛膜表面上滴加一到两滴电解质即可。
第五步，组装电池：
把着色后的二氧化钛膜面朝上放在桌上，在膜上面滴一到两滴含碘和碘离子的电解质，然后把反电极的导电面朝下压在二氧化钛膜上。把两片玻璃稍微错开，以便利用暴露在外面的部分作为电极的测试用。利用两个夹子把电池夹住，这样，你的太阳能电池就作成了（如图七所示）。
你能看懂这些字吗

智能的组成部分

为了创造出“通用人工智能”，研究者试图制造出具有像图灵测试中要求的那样，能展示通用智能行为的机器。可是，我们对人类大脑的通用智能研究还处于初级阶段，通用人工智能显然很难直接实现。因此，早期相关研究人员将目标转向创造出具有部分智能的程序，具体有如下几个方面。

认知能力：大脑的认知能力可以帮助我们理解自己周围的环境。我们通过综合视觉、听觉、触觉、嗅觉、味觉五种感官提供的信息认知世界。研究人员给机器安装了模仿人类五感机制的传感器，再加上人类并不具备的雷达等，以此作为人工智能认知能力的基础。此领域的最大难题在于，如何让机器人像人类大脑一样解读传感器提供的原始信息。

机器学习：从数据中学习并进行预测。机器学习的开发通常包括用大量实例训练模型。举例来说，要让机器能够根据人的样貌识别不同人的身份，就用带有人的姓名标签的照片让机器反复进行识别训练。

问题解决与规划：使用给定的一系列动作，找出达到目标的方法。以下棋为例，目标是赢得比赛，动作为棋子的规定走法。

推理：用稳健的方式从已知的事实推断出新的结论。

自然语言理解：让计算机能理解英文、中文等自然语言。

认知能力
机器学习
推理
题解决与规划
自然语言理解

黄金时代

1956年，美国青年学者约翰·麦卡锡（John McCarthy）在新罕布什尔州的达特茅斯学院发起了一个项目，希望把对使用计算机完成原本需要人脑来完成的工作感兴趣的研究人员召集到一起。在介绍项目目的的时候，他使用了“人工智能”这一术语，结果这一术语深入人心，沿用至今。这是人工智能“黄金时代”的发端，持续到20世纪70年代中期结束。

参加麦卡锡项目的研究人员都对人工智能早期的发展影响巨大，其中主要包括马文·明斯基（Marvin Minsky）、艾伦·纽厄尔（Alan Newell）、赫伯·西蒙和麦卡锡本人。明斯基是波士顿麻省理工学院人工智能实验室的联合创始人；纽厄尔和西蒙是刚完成可以被称为首个人工智能程序的逻辑理论家，之后在匹兹堡的卡耐基梅隆大学建立了人工智能实验室；麦卡锡也在如今硅谷的心脏——斯坦福大学——建立了人工智能实验室。

这些研究人员及其实验室在黄金时代占据该领域的主导地位。此时计算机编程刚刚出现，这些学者和学生不仅发明了首批人工智能程序，还发明了能编写这些程序的工具。（20世纪50年代中期，麦卡锡发明了LISP编程语言，时至今日该语言仍在世界各地使用。）在此期间，他们的研究确定了计算机程序是实现人工智能的关键。这些人对人工智能未来的发展非常乐观，并做出了很多宏大的远景规划。

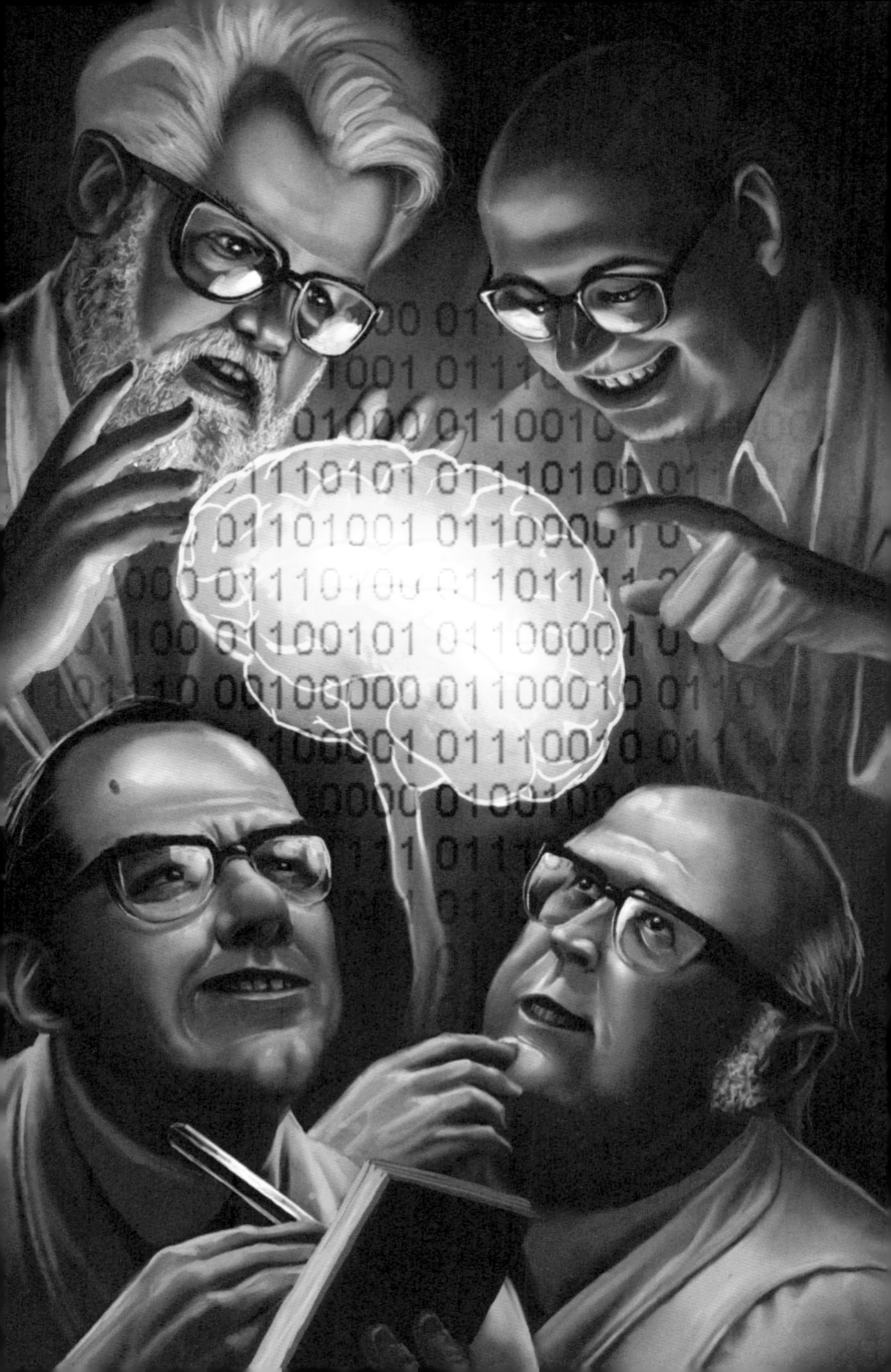

搜索解决方案

“搜索”是黄金时代被深入研究的人工智能领域最重要的问题解决技巧之一。对于一个搜索问题，我们必须确定一系列操作，将我们从世界的某个初始状态引领到目标状态。从初始状态开始，先要考虑在此初始状态下每种可能的操作会产生的结果，而每执行一个操作的结果都将使整体转变到新的状态。如果某个操作生成了目标状态，就是成功；如若不然，就需要不断重复这一过程，并将每个操作在对应状态下产生的结果考虑在内，避免重复，逐渐前行。这样，我们就生成了一棵“搜索树”。

搜索的主要困难是“组合爆炸”（combinatorial explosion），简单来说，就是搜索树在短时间内迅速长大。以国际象棋对局为例，对于任何一步棋来说，平均有 35 种可能的走法，因此十步之内的国际象棋走法的搜索树将包含近 3 000 万亿种局面。常用方法是使用启发式经验准则引导搜索过程，启发式搜索会表明哪一种状态前景更好，哪一种状态更容易陷入死胡同。

启发式搜索的最高成就，是 1996 年国际商业机器公司（IBM）的弈棋机深蓝（Deep Blue）在一局棋中击败国际象棋世界冠军加里·卡斯帕罗夫（Garry Kasparov）。深蓝每秒可以处理 2 亿步棋，通常能生成一棵预测接下来 6~8 步的搜索树。

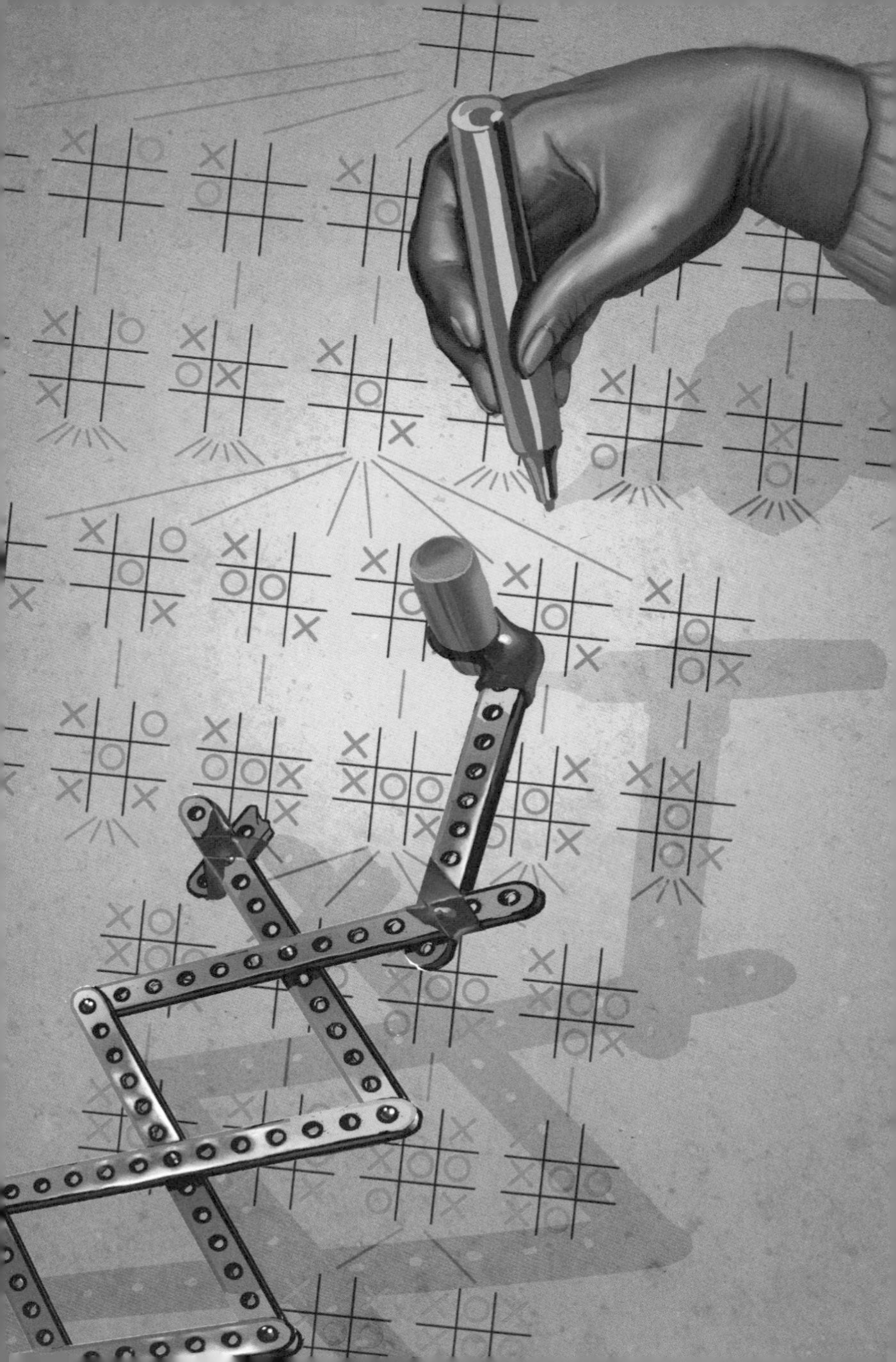

SHRDLU 系统和积木世界

SHRDLU 系统是一款自然语言理解程序，它的名字虽怪异，但却是黄金时代最负盛名的成就之一。该系统由特里·维诺格拉德（Terry Winograd）在 1971 年的博士学位论文中提出，其功能是使计算机理解人通过自然语言发出的命令，并在一个名为“积木世界”（Blocks World）的小程序中根据人的命令操控机械手臂摆放各种形状和颜色的积木。

系统的关键特征是用户可以用非常接近日常对话的语言与计算机进行交互。让计算机使用自然语言与用户交互一直是人工智能的目标，而 SHRDLU 系统的对话看起来极为丰富。然而，后来人们发现，系统能产生丰富的对话只是因为对话的话题有限，所有对话只与积木世界中积木的移动相关，一旦超过这一话题范围，系统就无法理解用户发出的命令。

SHRDLU 系统在积木世界中取得的成功之所以令人瞩目，很大一部分原因是其与我们设想的真实世界中的机器人为我们工作的情景类似。但积木世界只是一个模拟的微型世界，其中机械手臂识别出并按要求摆放各种积木的操作只是对现实世界中机器人面临的多种难题的抽象表达，要想使现实世界的机器人为我们服务，机器人技术研究人员未来还需要面对像如何让机器人有认知能力这一类的难题。

50 年后的今天，我们不难看出 SHRDLU 系统的局限，但这项成就在当时影响巨大。

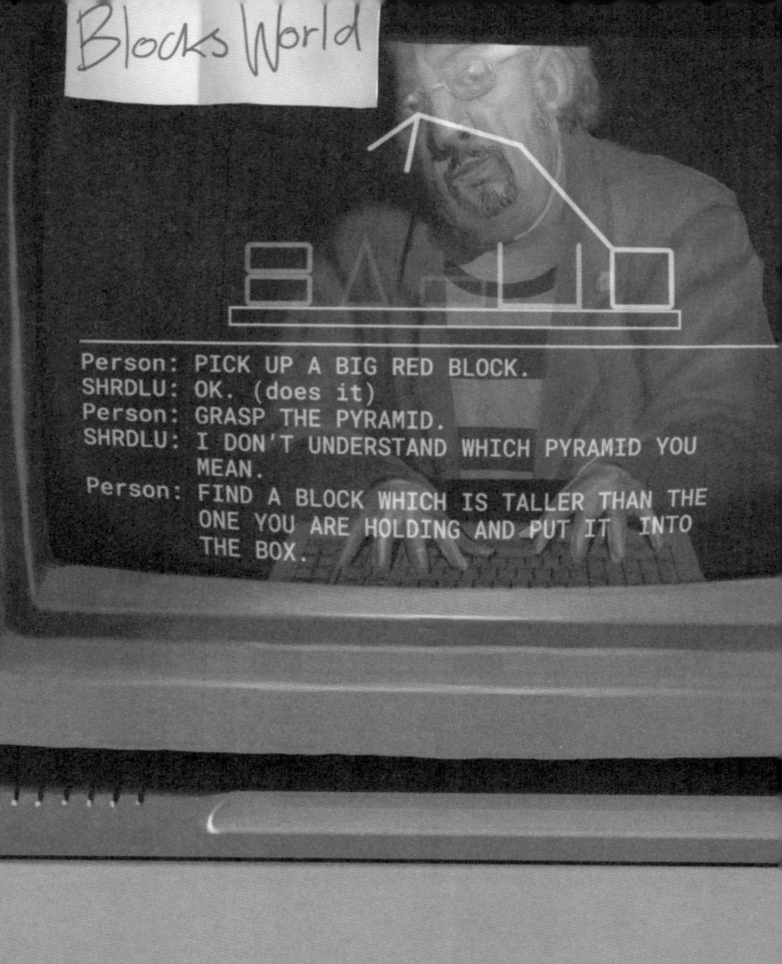

Blocks World
Person: PICK UP A BIG RED BLOCK.
SHRDLU: OK. (does it)
Person: GRASP THE PYRAMID.
SHRDLU: I DON'T UNDERSTAND WHICH PYRAMID YOU MEAN.
Person: FIND A BLOCK WHICH IS TALLER THAN THE ONE YOU ARE HOLDING AND PUT IT INTO THE BOX.

机器人沙基

另一个具有黄金时代里程碑意义的系统是机器人沙基（SHAKEY）。沙基由斯坦福研究所的团队耗费大量心血开发而成，是一台可移动机器人，能接受现实世界的任务，自行找出完成任务的方法。由于当时计算机比较笨重，机器人本体难以负载，所以沙基由计算机通过无线电通信线路进行控制。

沙基的任务是在类似办公室的环境中传送或搬运物品。它没有“双臂”，只能通过推动来移动比较大的物体。机身上装载了摄像机、测距仪和类似汽车保险杠的缓冲器来感知环境并探测障碍物。沙基理解视频影像的能力有限：环境中的障碍物必须涂上特定的颜色，仔细布置好灯光，沙基才能准确识别。设计者为了控制沙基，发明了著名的STRIPS程序，让计算机自行研究解决方案，完成使用者布置的任务。

可以说沙基是首个真正自主的活动机器人。但设计者必须大大简化机器人面临的困难，沙基才能运行，且运行速度过慢，不够实用。沙基看起来像研究人员理想中的机器人，但实际上，沙基反而表明人工智能距离目标长路漫漫。

复杂性屏障

早期的人工智能系统展现出的“智能表现”给了人们希望，所有人都以为人工智能会在更高级的问题上继续迅速发展，可惜希望最终落空。诸如积木世界这种在微型世界场景中看似前景不错的技术，无法扩展到能解决现实世界的问题。“计算复杂性”（computational complexity）是一种关于计算机解决问题的数学理论，该理论解释了为什么会出现这样的挫折。

在20世纪70年代早期，斯蒂芬·库克（Stephen Cook）、莱昂纳德·莱维（Leonid Levin）和理查德·卡普（Richard Karp）发现了一类计算问题，现称“NP完全问题”（NP-complete，全称“非确定性多项式算法的完全问题”）。对于有些问题来说，计算机能迅速检验出答案正确与否，但想要计算机自己找到正确的答案则需要耗费大量时间。“旅行推销员问题”（Travelling Salesman Problem）就是一个著名的例子：

> 一个推销员必须开车参观一些城市，最后返回出发地，车的汽油有限。是否存在一条路径，可以使得推销员在不再加油的前提下完成这趟旅行？

解决NP完全问题最好的方式是穷尽所有可能的解决方案。若推销员需要参观70个城市，所需要考虑的所有路线数目将会是个天文数字。无论计算机的运算速度多么快，用这种穷举的方法来解决NP完全问题显然不可行。

很不幸，对于人工智能研究人员来说，似乎他们感兴趣的每个问题到头来都被证明是NP完全问题（或者更糟）。人工智能从此从黄金时代走向停滞。

知识就是力量?

人工智能从微型世界场景发展到现实世界时遇到的挫折令很多人大失所望，导致 20 世纪 70 年代中期的研究资金遭到削减，业内人人相互责难。这段消沉的时期被称为“人工智能寒冬”。但到了 20 世纪 70 年代末，一种新的观点横扫人工智能领域，其核心就是克服在黄金时代阻碍人工智能发展的那些问题。

新观点非常简单：问题的显性知识（explicit knowledge，也叫编码知识）是解决复杂度的关键。例如，国际象棋大师每次下棋时不是从零开始穷尽所有可能，而是凭借其渊博的知识和经验判断哪种情况下该用哪种策略。这类知识和经验会帮助他集中精力解决问题，避免走进死胡同，迅速找到最优解决方案。有人认为，要成功应用人工智能系统，就必须获取并使用这类知识。

新的人工智能系统开始陆续诞生。这些“专家系统”（expert systems）可以利用人类专家已有的知识在有限的专业领域解决问题。专家系统并非通用人工智能，但其似乎证明人工智能系统在解决某些问题时可以比大多数人类做得好，接下来的十年间，基于知识的人工智能系统一直是研究的主要方向。

MYCIN 系统

MYCIN 系统是专家系统的经典案例，也是基于知识的人工智能时期最负盛名的系统之一。该系统旨在为医生提供有关血液疾病的专家意见。

MYCIN 系统的血液疾病知识表现为 200 条规则，每条规则都对应着病人有一种或几种血液疾病的可能性，由医学专家讨论后确定。从专家那里抽取知识这一任务困难又耗时，因为人类经常无法用语言准确表达出他们拥有的知识。

一条典型的 MYCIN 规则（用中文表述）如下：

如果同时满足：

（1）受检样本经革兰氏染色法未着色；

（2）受检样本的形态呈杆状；

（3）受检样本厌氧。

那么：

受检样本有 60% 的可能性是拟杆菌。

MYCIN 系统的许多特点构成了专家系统的基本组成部分。首先结论需要能解释清楚，这样用户才能理解；其次需要处理不确定性，像上面那一条结论一样，大多数结论都被表述为一种可能性，而不是绝对的是或否。

测试表明 MYCIN 系统在专业技术方面优于人类专家，这样瞩目的成就广受赞扬。但系统的专业技术有限，只具备相关领域的部分技能。

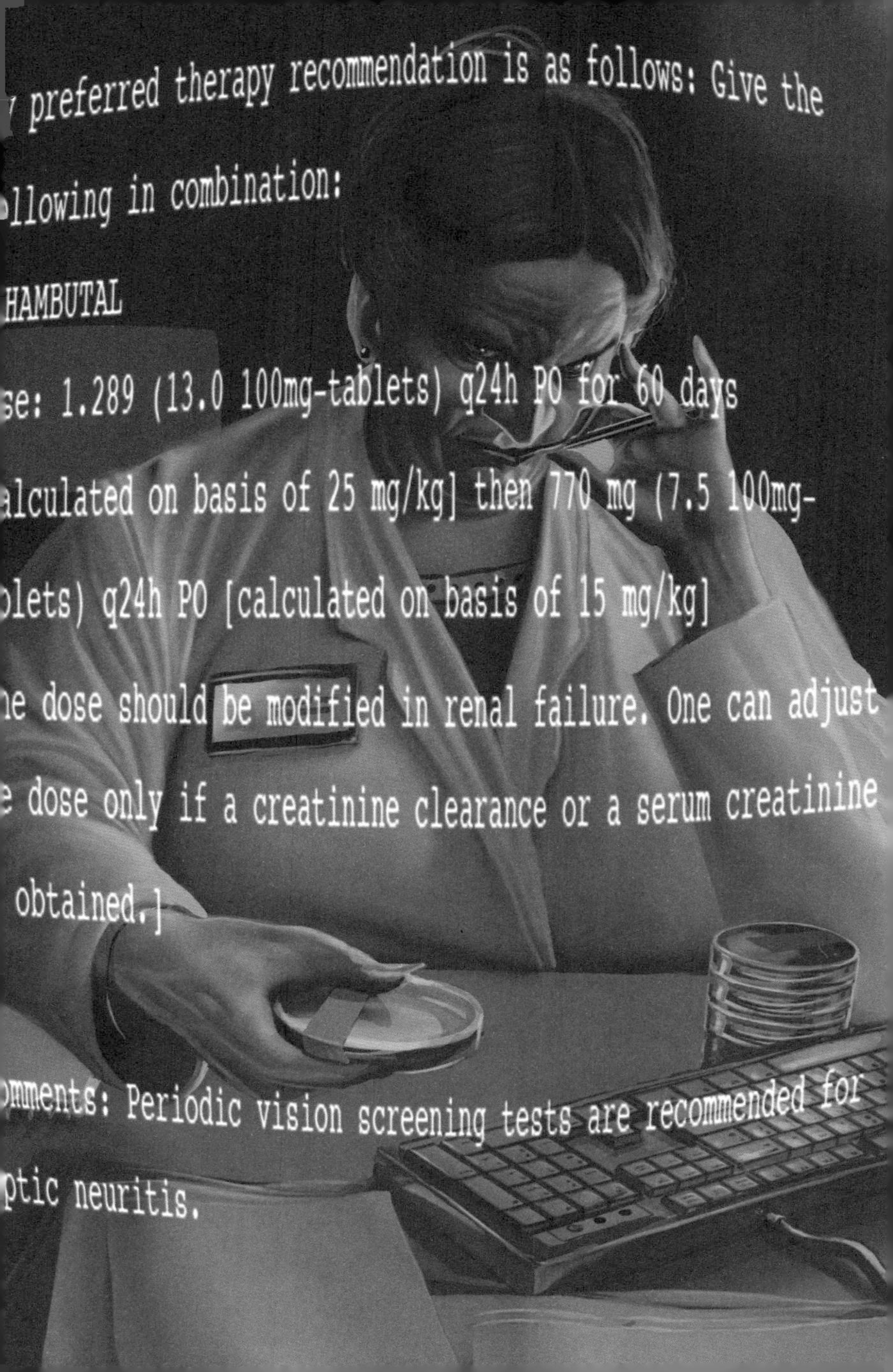

y preferred therapy recommendation is as follows: Give the
llowing in combination:

HAMBUTAL

se: 1.289 (13.0 100mg-tablets) q24h PO for 60 days

alculated on basis of 25 mg/kg] then 770 mg (7.5 100mg-
blets) q24h PO [calculated on basis of 15 mg/kg]

ne dose should be modified in renal failure. One can adjust
e dose only if a creatinine clearance or a serum creatinine
obtained.]

mments: Periodic vision screening tests are recommended for
ptic neuritis.

CYC 项目：终极专家系统？

CYC 是专家系统鼎盛时期以来最为大胆的尝试。其发明者道格·莱纳特相信知识有助于通用人工智能的发展，但人们需要的远不止如此。他提议建造 CYC 系统：该系统具有受过教育的人正常生活用到的所有知识。莱纳特认为，获得这些知识没有捷径，需要费心费力对系统进行编码，就像 MYCIN 系统获得专家们的血液疾病知识后需要编码一样。

如此雄心不禁让人为之咋舌——想象一下你了解的关于世界的知识有多庞杂。CYC 需要知道堪萨斯州是不能吃的；树木属于植物；当你向上抛出某物，该物体会掉到地上；吃太多通常对你没好处；中国是一个国家；猫是常见的宠物，但并非所有的猫都是宠物；带有红色标记的水龙头通常提供热水等。

莱纳特对 CYC 信心满满，他相信一段时间后 CYC 会了解到足够多的知识，然后开始自学更多的知识。三十多年来，莱纳特一直在从事 CYC 的研究，该系统已经普及了商业公司领域。CYC 的能力并未如他所愿，正因如此，人们常常提到 CYC 是人工智能社区不切实际、盲目乐观的实例，但或许该项目没有失败，只是需要再补充一些规则……

基于逻辑的人工智能

基于知识的人工智能研究人员的雄心越来越大，他们开始寻找更丰富、更精确的方法来获取知识。显然，数理逻辑可以满足他们的需要。

数理逻辑的发展是为了推理和论证。在人工智能领域，逻辑有助于将数学的精确性用于知识的表达和应用，人们希望智能决策可精简为纯粹的逻辑推理。基于逻辑的人工智能的精髓在于PROLOG（逻辑编程语言）。程序员使用这种编程语言，能用简单的逻辑形式表示其目标或知识，同时计算机也会使用逻辑推理解决问题。

但随后基于逻辑的人工智能的研究难题不断涌现。其中一个尽人皆知的难题就是“常识推理”（commonsense reasoning）：

> 有人告诉你崔蒂是一只鸟，于是你认为崔蒂能飞。后来，又有人告诉你崔蒂是一只企鹅，所以你改变了之前的判断。

数理逻辑就很难处理这类琐碎的判断，因为其难以处理这种人因为某种因素改变自己的判断的情况。此外，实践证明，逻辑推理经证明很难自动化进行。更重要的是，逻辑推理应用的场景有限，例如开车就不需要逻辑推理。

总之，逻辑和推理是解决某些问题的有力工具，但不适用于通用人工智能。

解决不确定性

图灵测试提出将人类行为作为人工智能发展的目标。但人类往往会做出错误的决策，为什么我们要构建会做出错误决策的系统呢？于是，人工智能的目标开始从像人类一样做决策过渡到做出理性的决策。

理性决策的关键涉及在信息不确定的条件下进行推理。人类不长于此。试想：

> 每一千人中就有一人感染某种新的致命性流感病毒。你可以对患病情况进行检测，准确率为99%。你心血来潮做了测试，结果显示你患病了。

大多数人看到检测结果后会很担心，但其实你只有大约十分之一的可能性是真的患有流感。因为你患流感的先验概率是千分之一，而检测的不准确率为百分之一，检测一千个人可能会出现十个误诊者，你可能就属于误诊者。

这一推理背后的基本数学逻辑由雷韦朗·托马斯·贝叶斯（Reverend Thomas Bayes）在18世纪提出，但要将贝叶斯推理用于人工智能，需要做更多的工作，因为人工智能常常需要处理大量结构化的证据。

很多机器翻译系统使用贝叶斯推理。考虑到一些单词之前出现过，系统会计算出一个单词对应某种翻译的可能性，即通过检查大量已翻译的文本计算先验概率。这些翻译工具在处理常规任务时很有用，但工具本身其实无法理解处理的文本。

右图 一千个人中会有十一个人的流感病毒检测呈阳性，但只有一人是真的患有流感。

Nouvelle AI 与机器人技术变革

基于知识的和基于逻辑的人工智能成果丰富，然而多数成果都是类似于 MYCIN 的专家系统，只能在有限且定义明确的领域解决问题。

这导致研究人员在 20 世纪 80 年代受挫，有些人开始质疑人工智能最初的发展方向。一种常见的观点是，人工智能不能只关注像 MYCIN 这类的无实体系统，这种系统不能主动收集、分析现实世界的信息，也不能直接对现实世界发挥作用。人工智能真正的试验场应该是物理世界，因此机器人学再次引起了研究人员的兴趣。

这一时期，基于机器人的人工智能最狂热，也最有影响力的拥趸是罗德尼·布鲁克斯（Rodney Brooks）。他对当时流行的基于知识的人工智能范式不再抱任何幻想，逐渐认识到没有基于知识的人工智能衍生的显性知识或推理，尤其是没有基于逻辑的人工智能，也能产生智能的行为。

布鲁克斯的观点反映出很多人对于人工智能存在已久的正统理论的叛逆，布鲁克斯则是将这些人的想法具体化了。当然，一些老派人工智能研究人员对此持怀疑态度。有人发明了“nouvelle AI”（法语意为“新人工智能”）这一术语描述这种新观点，用“优秀的传统人工智能”（good old-fashioned AI）代指传统观点。人工智能领域的分裂已经无法修复，一些人强调知识和推理，另一些人坚信知识和推理不是人工智能的基石。

GENGHI

基于行为的人工智能

基于行为的人工智能关注智能系统该展现出怎样的个体行为，同时思考这些行为是怎么联系的。从20世纪80年代起，布鲁克斯及其同事发明了一系列自主机器人，成为这一新范式的具体体现。

试想有一个在某场景捡垃圾的扫地机器人，布鲁克斯认为这样的机器人不需要复杂的知识和推理就可以高效完成任务。机器人通过结合几种非常简单的行为条件就能高效作业：

如果检测到障碍物就改变方向；

如果拿着垃圾且垃圾桶在旁边，就把垃圾扔进垃圾桶；

如果检测到垃圾就捡起来；

随机移动。

上述条件中第一条优先级最高，最后一条优先级最低（一旦检测到障碍物，就改变方向，只有在其他行为都未激活时才随机移动）。虽然后来研究人员发现如果行为条件数量增加，机器人就很难做出取舍，但此方法影响深远。

或许你见过甚至已经拥有了一台以此理念为蓝本设计而成的机器人。布鲁克斯是iRobot公司的创始人，该公司生产了广受欢迎的Roomba扫地机器人，它们就是基于布鲁克斯的工作成果设计而成的。

如果检测到障碍物就改变方向
如果拿着垃圾且垃圾桶在旁边，就把垃圾扔进垃圾桶
如果检测到垃圾就捡起来
传感器
随机移动
执行

无人驾驶：机器人挑战大赛与机器人斯坦利

能控制交通工具的计算机系统由于其潜在的巨大利益成为人工智能领域之外的重要研究课题。在全球范围内，每年有一百多万人死于车祸，如果计算机能控制交通工具，那么将会很大程度上减少人员伤亡。

截至 2004 年，该领域取得的进展包括美国军事防御研究机构美国国防部高级研究计划局（DARPA）组织的“挑战大赛”（Grand Challenge）。该赛事邀请无人驾驶领域的研究团队参加，内容是要求无人驾驶车辆沿着美国乡村小道行驶 150 英里（约 241 千米）的路程。比赛结果表明了无人驾驶当时发展的窘况：参加决赛的 15 辆车只平均行驶了不到 8 英里（约 13 千米）的赛程就宣告失败。

国防部高级研究计划局没有因畏难而止步，再次组织了第二届挑战大赛。195 支参赛队伍中有 23 支进入决赛。决赛于 2005 年 10 月 8 日完成，比赛内容是在内华达沙漠行驶 132 英里（约 212 千米）。这次有 5 支参赛队伍完成了比赛，冠军机器人斯坦利（STANLEY）由塞巴斯蒂安·特伦（Sebastian Thrun）带领的斯坦福大学参赛队设计。斯坦利只用了不到 7 个小时就完成了比赛，平均每小时行驶 20 英里（约 32 千米）。斯坦利操控的车辆由大众途锐改装而成，有 7 台车载计算机，用于分析全球定位系统、激光测距仪、雷达和录像机的传感器数据。

这一结果宣告了无人驾驶汽车时代的来临。无人驾驶系统是一项跨时代的发明，其对世界的影响堪比一百多年前莱特兄弟在基蒂霍克小城发明第一架飞机所造成的影响。

机器学习的兴起

人工智能的现代时期始于 2005 年左右，这一时期的特点是人工智能技术的发展，机器学习领域的发展备受世人瞩目，受到广泛报道。机器学习旨在建造不用人类发出准确指令，就可以通过自我学习、分析，确立解决方案，最终完成任务的计算机。机器学习系统的核心是经过训练进行学习。“监督学习”（supervised learning）指通过为程序提供实例供计算机进行学习的训练。人脸识别软件是一个很好的例子：当你在社交媒体上认出一个人的照片时，就为机器学习算法提供了一组训练数据，根据这些数据算法最终能独立识别出这些人的身份。

“强化学习”（reinforcement learning）指系统通过做出决策、收到反馈（不管是对是错）进行试验。如果系统收到负反馈（错误），之后在相同情境下将不会再做出同样的决策。

最近机器学习领域取得的进展令人瞩目，主要由于以下三方面：首先，“深度学习”（deep learning）系统取得科研突破，机器开始能解决一些复杂问题；其次，为了让机器学习可靠工作，需要大量的训练数据，而在网络时代，数据来源丰富，所需的数据量能得到保障；最后，能运行训练过程的高性能、高运算能力的计算机价格低廉。

右图 通过给机器学习程序提供实例对其进行训练。

神经网络

神经网络指在复杂的网络中连接许多小型人工神经元，是目前流行的一种机器学习方法。每个人工神经元从邻接的神经元获取输入数据，并根据这些输入数据对应的权重输出数据，再依次影响其邻接的神经元。系统通过调整权重，可以逐步学习输入数据和输出数据之间的关联。虽然神经网络的灵感来自大脑的微观结构，但是大家要知道，神经网络研究人员并不是想组建人工大脑。

尽管在人工智能研究早期，人们就开始研究神经网络，但在20世纪60年代，马文·明斯基和西蒙·派珀特（Seymour Papert）证明简单神经网络能完成的任务十分有限，研究也因此骤然停止。在20世纪80年代之前这个领域一直处于休眠状态，直到有人发现“并行分布处理”（parallel distributed processing）模型可以解决简单神经网络的问题，神经网络的研究才开始复兴。21世纪，该领域突飞猛进、一日千里。

神经网络（一般来说还有机器学习）的关键问题是其体现的智能通常不透明。例如，经过训练能识别X射线照片上的癌细胞增长的神经网络模型无法对结果进行解释。系统具备的专业知识隐藏在与神经元相关的权重中，很难提取权重背后隐含的知识。

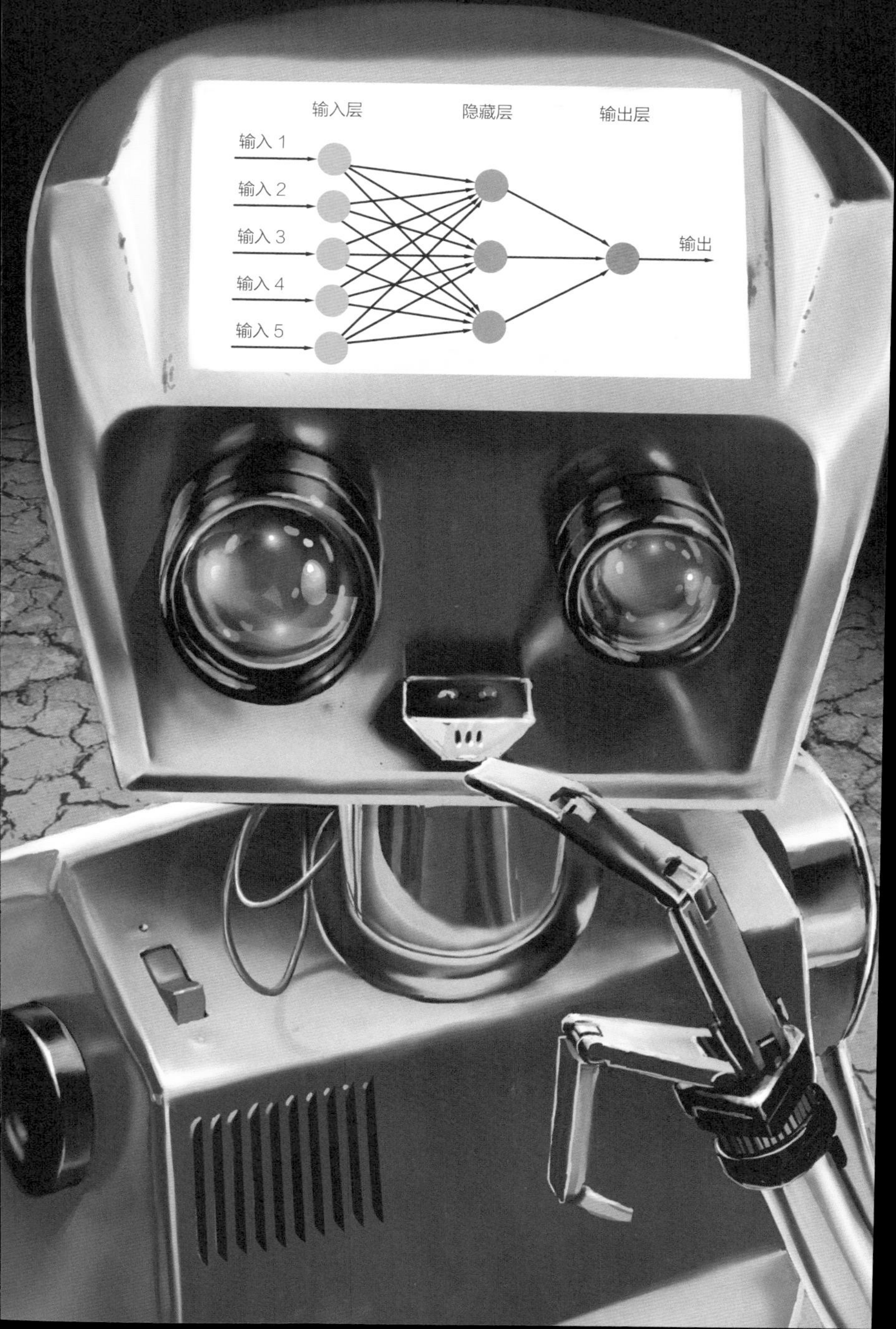
输入层
隐藏层
输出层
输入 1
输入 2
输入 3
输入 4
输入 5
输出

深度思维和阿尔法围棋

英国人工智能公司深度思维（DeepMind）的故事也许能生动地说明机器学习的进步。深度思维成立于2012年，2014年1月被谷歌收购，据报道收购金额为4亿美元。当时，即使在人工智能社区内部，该公司实际上也不出名，显然，公司没有客户，只有少数员工。

后来，2014年深度思维向全世界揭示了谷歌对这家小公司如此感兴趣的原因。他们演示了一个系统，该系统学习了20世纪80年代的流行于欧美的雅达利游戏机上49种游戏的玩法，然后在29种游戏的比赛中战胜了人类。系统的输入数据只有视频（即人们看到的内容）和当前得分，使用的控制器与人类相同。有一点至关重要，即研究人员没有事先为程序提供任何游戏知识，程序仅通过神经网络结合强化学习来玩游戏。系统会实时做出选择、获得反馈，并相应地调整其策略，最终通过这种反复试验的过程学会玩所有的游戏。

这样的成就受人瞩目，未来深度思维还会取得更多成就。2016年3月，在韩国首尔，深度思维的阿尔法围棋程序（AlphaGo）在围棋比赛中连赢5场，无可置疑地击败了人类围棋世界冠军。围棋比象棋难得多，数十年来，计算机围棋一直没有取得重大进展。这项成就也一举登上了世界各地的新闻头条。

人工智能的今天——人工智能无处不在

人工智能并非存在于未来，你每天都能看见人工智能。手机、电脑等数码设备上的苹果语音助手（Siri）、亚马逊智能音箱助手（Alexa）和微软语音助理小娜（Cortana）等就是典型的人工智能；能将你上传到社交媒体的照片中的人脸识别出来的软件也是人工智能；汽车卫星导航系统中的软件还是人工智能。人工智能还可以在网上商城里为你推荐商品；根据路况自动控制车辆速度；在银行系统中参与贷款审批的决策，决定是否向申请人发放贷款，甚至根据市场行情自动进行资产交易。基于人工智能的自动翻译系统也在世界各地广泛应用。

如今人工智能无处不在，并且在未来几年中，人工智能会更加重要，因为人工智能软件可以在各种场景中比人类更可靠、更高效地做出决策。

将来，人工智能将隐形嵌入各个地方用于决策。在21世纪初，卫星导航系统通过使原本烦琐且易出错的导航工作自动化，彻底改变了驾驶方式。卫星导航系统就像是人工大脑，承担着复杂的认知任务。可以想象，在每一次需要做出选择时，具有认识能力的人工智能将帮助你永远做出正确决定。

距离实现通用人工智能，我们还有很长的路要走，但在可预见的未来，这些人工智能都有望实现。

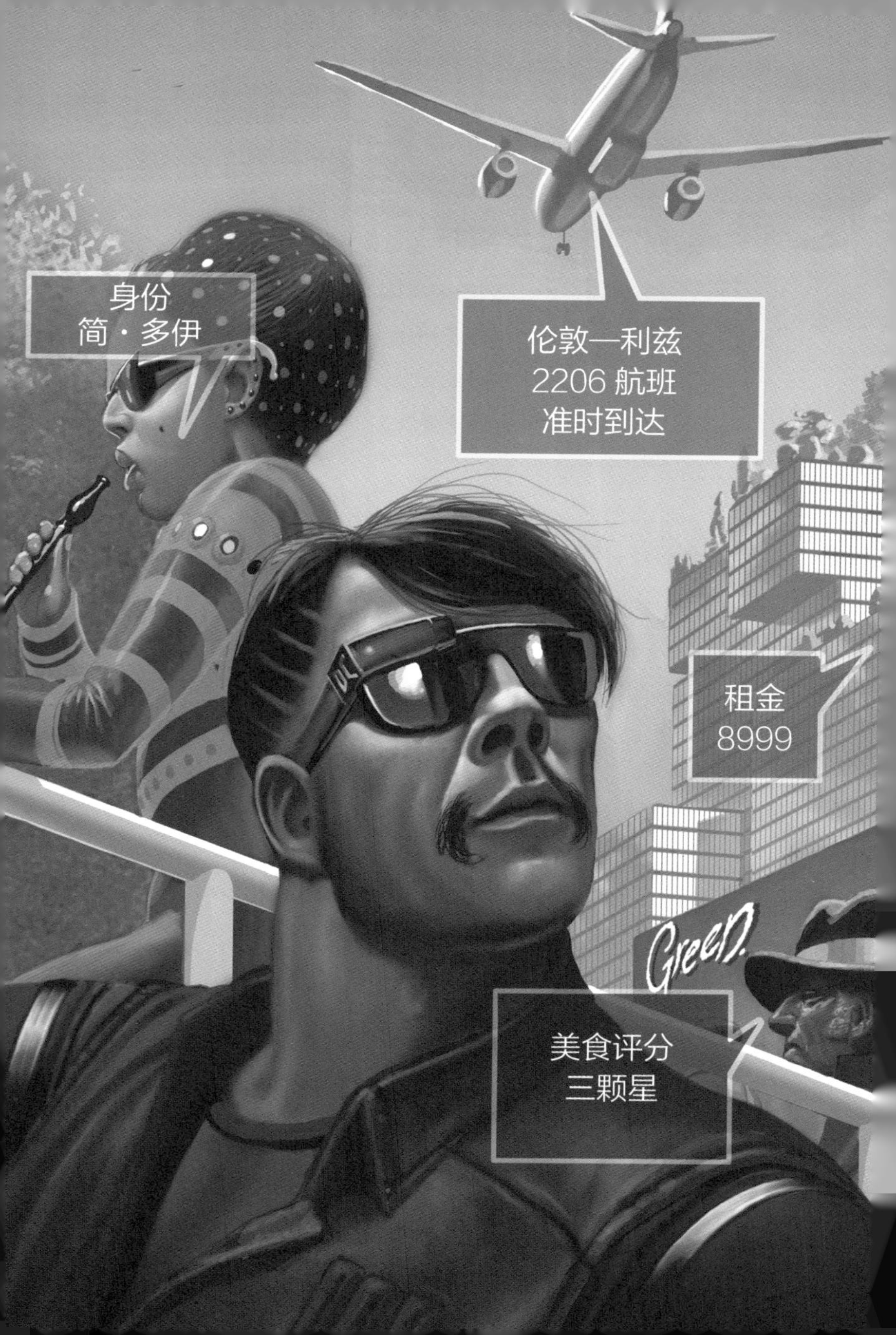

身份
简・多伊

伦敦—利兹
2206 航班
准时到达

租金
8999

美食评分
三颗星

顾虑

无处不在的人工智能无疑会带来很多好处，但也会给社会和政府带来难题。

最突出的问题是失业。例如，美国有350万名卡车司机，而在未来的几十年中，大多数驾驶工作将实现自动化。尽管这耸人听闻，但人工智能是18世纪工业革命以来的人类劳动自动化趋势的一部分。最初，自动化替代的是非熟练工，而人工智能将替代的是熟练工。

其次是隐私问题。例如，计算机在脸部识别方面比人表现得更好，计算机可以从我们自己和与我们有关的社交媒体信息中准确预测我们的各种信息。

再次是歧视问题。虽然原则上可以将人工智能决策系统设计为没有歧视的系统，但设计人工智能的人类有意或无意间都有偏见。算法的好坏取决于设计和训练它的人，设计不当的算法会做出错误的决策。如果机器学习程序由有偏见的人训练，那么该程序也会有歧视问题。

最后，许多人对设计带有人工智能、有自我判断能力的武器系统深感不安，因为它可能会夺走很多人的生命。尽管有人认为可以将人工智能武器设计得比人类更可靠也更具道德感，但许多人非常厌恶这类想法。

奇点

人工智能的“奇点”，即预想中的通用人工智能系统变得比人类更聪明的那一刻。人们一直担心达到人工智能奇点后将会发生什么。很多人害怕这些系统会利用自身的智能来自我提高，然后更智能的系统进一步自我提高，如此循环往复。也许那时候，人工智能将不受人类控制，甚至可能对我们的生存构成威胁。在像电影《终结者》（*Terminator*）这样的科幻片和很多科幻小说中常常能看见这种场景。

在讨论奇点时，常有人建议使用著名科幻小说家艾萨克·阿西莫夫（Isaac Asimov）提出的“机器人三定律”（Three Laws of Robotics）：

（1）机器人不得伤害人类，或者在人类受伤时袖手旁观；

（2）在不违背第一定律的前提下，机器人必须服从人类的指令；

（3）在不违背第一和第二定律的前提下，机器人必须保护好自己。

不幸的是，阿西莫夫的三定律要求机器人能够预测其所有行为对遥远的未来的影响。这一点完成起来非常困难，机器人不可能做到。

有关奇点是否能出现，科学界众说纷纭。即使奇点出现，也不一定会出现毁灭性的后果。虽然人工智能在长远的未来有很多不确定性，但是，在可预见的未来，毋庸置疑的是由于自身的愚蠢而丧命的人肯定远多于死于人工智能的人。

意识机

人工智能的最新进展虽受人瞩目，但应用领域有限。这些成就不能帮助实现通用人工智能，也不能帮助制造有意识的智能机器。之所以如此的部分原因是我们对人类意识和智力的本质还处于一知半解的状态。

尽管进展缓慢，但我们正开始了解意识。认知神经心理学领域已开始阐释大脑如何引发心理活动。诸如磁共振成像系统等设备让我们能观察大脑内部活动的过程。进化心理学为有关人类意识的某些特征什么时候出现、为什么出现，意识的作用又是什么等问题提供了新的线索。

尽管实现通用人工智能毫无头绪，但没有证据表明其绝对不可能实现。人类及其大脑在生理上没有什么特别之处，大脑并没有魔力，只是我们尚不了解大脑。至少在理论上，制作有意识、有自知力的机器并非痴人说梦。但是，我们的意识是人类数百万年的进化和我们作为个体活在这世上所得的经验两方面的产物。人类的意识诞生于古猿的大脑，长在古猿的身体上。但是，机器的“大脑”和“身体”都与人类不同，所以机器的意识也将不同于人类的意识。

想要理解人类的意识，我们还有很长的路要走，但最终会到达终点。到那时，让机器产生意识也将不再是痴人说梦。

术语参考释义

NOUVELLE AI：可译作“新人工智能”。从 1985 年左右开始，人们不再关注知识和推理，转而关注基于行为的人工智能的方法。

NP 完全问题：无法有效解决的一类计算问题。许多人工智能问题都是 NP 完全问题。

规则：以“如果……那么……”的形式表达的离散的知识。

黄金时代：人工智能研究的早期阶段，大约从 1956 年到 1975 年（之后是“人工智能寒冬时代”）。

积木世界：一款计算机模拟程序，任务是摆放各种颜色和形状的积木、盒子等物体。

机器学习：学习如何做事的程序。

基于知识的人工智能：大约在 1975 年至 1985 年，人工智能的主要范式集中在使用问题的相关显性知识，常见的形式是各种规则。

认知能力：了解周围环境的能力。

神经网络：使用“人工神经元”的机器学习方法。

搜索：一种解决问题的技术，该技术试图通过生成一系列“搜索树”，从一些初始状态开始，应用一系列动作来实现目标。

图灵测试：针对人工智能的测试，被试者尝试判断与之交互的是人还是计算机程序。

通用人工智能：人工智能的宏伟梦想，即有自知力、有意识的智能机器。

挑战大赛：2005 年 10 月，无人驾驶汽车大赛，斯坦利夺冠，表明人类进入无人驾驶汽车时代。

贝叶斯推理：获得新数据或新证据后，调整对世界的看法的方法；人工智能领域在信息不确定时进行推理的主要方法。

专家系统：使用人类专业知识来解决封闭受限领域中的问题的系统。

自然语言理解：可以用自然语言进行交互的程序。

拓展阅读

想了解更多有关人工智能的科学信息，你可以读一下 Stuart Russell and Peter Norvig's *Artificial Intelligence – A Modern Approach* (third edition, Pearson, 2016)，这本百科全书式的著作是关于人工智能的权威著作，在可预见的未来不太可能被超越。如想查阅该领域的详细历史，请参阅 Nils J. Nilsson's *The Quest for Artificial Intelligence* (Cambridge University Press, 2010)。关于思维、意识和人工智能的哲学思考，我推荐丹尼尔·丹尼特（Daniel Dennett）引人入胜、发人深省的著作 *Kinds of Minds: Towards an Understanding of Consciousness* (Basic Books, 1997)。

致谢

本书的顺利出版离不开费利西蒂·布莱恩和罗兰德·怀特，对此我深表感谢。衷心感谢莎拉·鲍尔温、托尼·科恩、威尔·胡顿、苏珊娜·马什、格雷厄姆·梅、史蒂夫·纽、安德烈·尼尔森、詹姆斯·波林、安德烈·施特恩、罗兰·斯托特、乔丹·萨默-杨、基里·瓦尔登对本书的草稿提供反馈。